BEI GRIN MACHT SICH IHR WISSEN BEZAHLT

- Wir veröffentlichen Ihre Hausarbeit, Bachelor- und Masterarbeit

- Ihr eigenes eBook und Buch - weltweit in allen wichtigen Shops

- Verdienen Sie an jedem Verkauf

Jetzt bei www.GRIN.com hochladen und kostenlos publizieren

Alexandra Zuralski

Der ländliche Raum - Definition, Funktionen und Merkmale des ländlichen Raumes

GRIN Verlag

Bibliografische Information der Deutschen Nationalbibliothek:

Die Deutsche Bibliothek verzeichnet diese Publikation in der Deutschen National-
bibliografie; detaillierte bibliografische Daten sind im Internet über http://dnb.d-
nb.de/ abrufbar.

Impressum:

Copyright © 2004 GRIN Verlag GmbH
Druck und Bindung: Books on Demand GmbH, Norderstedt Germany
ISBN: 978-3-638-95313-9

Dieses Buch bei GRIN:

http://www.grin.com/de/e-book/93426/der-laendliche-raum-definition-funktionen-
und-merkmale-des-laendlichen

Inhaltsverzeichnis

Einleitung

Der ländliche Raum ist in den Medien ein aktuelles und oft angesprochenes Thema. Allein in Nordrheinwestfalen, dem dritt größten Agrarstandort Deutschlands, sind nach Angaben des Taz Berichts vom 1. März 2005 ca. 55 000 ländliche Betriebe vorzufinden. Um 1950 waren es noch 270 000 Betriebe (DICKMANN 2000). Das durchschnittliche Einkommen pro landwirtschaftliche Arbeitskraft liegt heute durchschnittlich bei 1 600 Euro brutto im Monat (Verbandsangabe). Ziel der Landesregierung ist es, die Absatzmärkte und Einkommensquellen für Landwirte zu erschließen.

Doch wie hat sich die ökonomische Lage seit dem 19. Jahrhundert entwickelt? In meiner Hausarbeit werde ich dem wandelnden Kräfteverhältnis der Wirtschaftssektoren nachgehen. Dabei werde ich meinen Schwerpunkt auf das Dorfhandwerk setzten. Zu allererst sollte der Wandel der Begriffsbezeichnung *Ländlicher Raum* eingegangen werden. Auch sollten seine Funktionen näher erläutert werden.

1 Begriffsklärung *ländlicher Raum*

Der Begriff *ländlicher Raum* sowie seine synthetischen Bezeichnungen *ländliche Siedlung* und *Dorf* sind auch heutzutage zeitgenössische Begriffe geblieben. Allerdings ist darauf hinzuweisen, dass deren Bedeutungen durch die Wandlungsprozesse der Agrargesellschaft zur Industriegesellschaft geprägt worden sind. Zu Beginn des 19. Jahrhunderts war der *ländliche Raum* besonders durch die drei Merkmale:

1. Eine hauptsächlich mit der Landwirtschaft zusammenhängende Berufsstruktur
2. Herrschaftliche und genossenschaftliche Bindungen in der Rechtsordnung und Wirtschaft mit daraus folgender Einschränkung einer individuellen Berufstätigkeit
3. Mehrschichtige soziale Gruppierungen wie Stand, Kirche, Sippe und Nachbarschaft

geprägt (vgl. KAPPE, KNAPPSTEIN, und SCHULTE-ALTEDORNEBURG 1975, S.61ff).

Zur Beschreibung spezifischer Merkmale des vom Wandel gekennzeichneten Begriffes *ländlicher Raum* müssen landschaftliche, wirtschaftliche und administrative, demographische sowie soziologische und baulich-physiognomische Merkmale berücksichtigt werden (vgl. PLANCK und ZICHE 1979, S.66f; MAIER 1995, S.10ff; u. a.): Das *Landschaftsbild* ist von Wiesen und Weiden, Ackerfluren, Wäldern und Gewässern geprägt. Im starken Maße beeinflusst der Wirtschaftsbereich *Land- und Forstwirtschaft* sowohl die Sozialstruktur des ländlichen Raumes als auch das Ortsbild durch traditionell regionale Bauformen und eine größere Wirtschafsfläche im Vergleich zur bebauten Fläche. Im Hinblick auf die *Wirtschaftskraft* des ländlichen Raumes ist zum Beispiel ein geringeres Bruttoinlandsprodukt festzustellen. Die *Ortsgröße, Bebauungs- und Bevölkerungsdichte* fällt im Vergleich zur Stadt geringer aus. Bei *sozialen Kontakten* der Landbewohner ist zu beobachten, dass diese sehr viel enger aber auch überschaubarer sind und die Wertestruktur sozialer und traditioneller geprägt ist. Die *Zentralität und Infrastruktur* ist durch ein starkes Abhängigkeitsverhältnis zur Stadt gekennzeichnet. Bei den ländlichen Siedlungen handelt es sich zumeist um nichtzentrale Orte sowie Grund-, Klein- und Nebenzentren für die Nahbereichsversorgung. Zusammenfassend wäre nach HENKEL der *ländliche Raum* "ein naturnaher, von der Land- und Forstwirtschaft geprägter Siedlungs- und Landschaftsraum mit geringer Bevölkerungs- und Bebauungsdichte sowie niedriger Wirtschaftskraft und Zentralität der Orte, aber höherer Dichte der zwischenmenschlichen Bindungen" (HENKEL 2004, S.33).

Weiterhin ist es für die Begriffsklärung des ländlichen Raumes sinnvoll, seine Abgrenzung zum städtischen Raum hinzuzuziehen. Hierbei spielen Kriterien wie folgt eine große Rolle (vgl. HENKEL 2004, S. 33f):

1. Einer Gemeindegröße bis zu 2000 Einwohnern gilt als Landgemeinde
    und eine Gemeinde mit 2000 bis 5000 Einwohnern als Landstadt.
2. Die Bevölkerungsdichte von unter 200 Einwohnern/qm kennzeichnet
    ländliche Kreise nach der Raumordnung von Juni 1969.
3. Bei unter 60 Industriearbeitsplätzen auf 1000 Einwohner handelt es sich
    um ein Agrargebiet.
4. Damit verbunden ist der in der Raumordnungspolitik oft gebrauchte
    Begriff der *Strukturschwäche*, zu dem Kriterien wie Wanderungssaldo,
    Arbeitsplätze, Infrastruktur und Sozialprodukt zählen.

2 Funktionen des ländlichen Raumes

Im Hinblick auf den Wunsch nach einer endogene Entwicklung des ländlichen Raumes, d.h. der Orientierung auf die Bedürfnisse auf dem Lande, sollte der eigenen Siedlungs- und Lebensraumfunktion der ländlichen Regionen Vorrang gewährt werden. Somit sollte dem Bereitstellen eines Wohn-, Wirtschafts-, und Freizeitraumes für die Landbewohner eine besondere Bedeutung zugewiesen werden. Nach LIENAU können die Funktionen des ländlichen Raumes durch Daseinsgrundfunktionen der ländlichen Siedlung erweitert werden (vgl. LIENAU 1995, S.93ff). Zu diesen zählen:

1. Behausung (Hausstätten)
2. Arbeit (Arbeitsstätten: Büros etc.)
3. Versorgung (Läden, Dienststellen etc.)
4. Bildung (Bildungsstätten: Schulen etc.)
5. Erholung (Erholungsstätten: Sportplätze, Parks etc.)
6. Kommunikation, Verkehr, Gemeinschaftsleben (Kommunikationsstätten: Plätze, Straßen, Gemeindezentren)

Im Rahmen des Abhängigkeitsverhältnissen bzw. des gegenseitigen Ergänzungsverhältnisses von Stadt und Land beansprucht die Industrie- und Dienstleistungsgesellschaft ebenfalls Funktionen. Sie können in vier Hauptaspekte eingeteilt werden (vgl. HENKEL 2004, S. 39):

1. Agrarproduktionsfunktion:
   Diese Funktion bezieht sich auf die land- und forstwirtschaftliche Produktion sowie die Erhaltung und Pflege der ländlichen Kulturlandschaften.
2. Ökologische Funktion:
   Dazu zählt das Erhalten bzw. Schaffen des ökologischen Ausgleichs und gesunder Umweltbedingungen, insbesondere durch eine umweltverträgliche Bewirtschaftung des Bodens, das Ausweisen von Natur-, Wasserschutz- und Landschaftsgebieten und der langfristigen Sicherung der Wasserversorgung.

3. Erholungsfunktion:

Diese Funktion beinhaltet das Pflegen und Gestalten von Erholungslandschaften sowie das Bereitstellen von Freizeit- und Erholungseinrichtungen.

4. Standortfunktion:

Dabei geht es um das Bereitstellen von Standorten für Gewerbe, Kraftwerke, Straßen- und Bahntrassen, Flugplätze, Müllplätze und Sonderdeponien. Die Gewinnung von Rohstoffen und Mineralvorkommen kann ebenfalls hierzu gezählt werden.

3 Ökonomische Struktur des ländlichen Raumes

3.1 Ökonomische Entwicklung des ländlichen Raumes seit 1800

Seit dem 19. Jahrhundert ist eine Gewichtsverschiebung der wirtschaftlichen Sektoren Land- und Forstwirtschaft, Industrie und Gewerbe sowie dem Bereich der Dienstleistungen zu erkennen. Schlagworte wie *industrielle Revolution* oder *Übergang von der Agrar- zur Industriegesellschaft* weisen auf eine wirtschaftliche Umwälzung hin (vgl. HENKEL, 2004, S. 101). Der im Jahre 1800 mit 80% dominierende Wirtschaftsbereich Land- und Forstwirtschaft sank im Jahr 2000 auf 3% zugunsten der zunächst seit 1800 durch den wirtschaftlichen Aufschwung sich vergrößerten Industrie und des seit 1900 anwachsenden Wirtschaftszweiges der Dienstleistungen (HENKEL 2004, S.101). Vorwiegend war die Etablierung der beiden zunehmenden Sektoren in Verdichtungsgebieten und Städten zu bemerken, wodurch die gesamtökonomische Entwicklung rückläufig für den ländlichen Raum verlief. Zusammenfassend ist eine Entwicklung der Erwerbsstruktur in Deutschland von der Agrargesellschaft bis zum Jahre 1870 über die Industriegesellschaft bis ca. 1950 zur Dienstleistungsgesellschaft im heutigen Zeitalter des Konsums festzustellen. Prozentual betrachtet lag im Jahre 2000 die Dienstleistungsgesellschaft knapp unter 60%, der Industriezweig war mit ungefähr 40% vertreten wohingegen die Wirtschaftssektor Land- und Forstwirtschaft auf unter 3% fiel (vgl. HENKEL 2004, S.101).

Die Arbeitsplätze betreffend hat sich das Verteilungsverhältnis von Stadt und Land umgekehrt. Waren im Jahre 1800 ca. 80% der gesamten Arbeitsplätze auf dem Lande zu finden, so hat sich die aktuelle Anzahl auf 20% reduziert (vgl. HENKEL 2004, S.101). Trotz einer ländlichen Gesamtfläche von 90% in der BRD (nach Kriterien der Raumordnungspolitik) und einer Gesamtbevölkerung von 54%, ist der ländliche Raum von einem *Arbeitsplatzdefizit* und einem *Auspendlerüberschuss* betroffen. Der durch die veränderte Kräfteverteilung der Wirtschaftssektoren verursachte wirtschaftliche Machtverlust führte heute wie damals zu vielfältigen und komplexen

Lösungswegen. Ein Beispiel hierfür ist das Vordringen von "städtischen" Wirtschaftsbereichen auf dem Lande und eine Ausbreitung des tertiären Sektors der Dienstleistungen.

Bezüglich der Berufsschichten in den vorwiegend ländlichen Gemeinden unter 20000 Einwohnern ist das Produzierende Gewerbe sowie die Land- und Forstwirtschaft überdurchschnittlich repräsentiert. Ein weiteres Merkmal ist die hohe Vertretung der Selbständigen als auch der mithelfenden Familienangehörigen. Spezifisch für den ländlichen Raum sind somit die Klein- und Familienbetriebe, wohingegen die Anzahl der Beamten und Angestellten unterdurchschnittlich vertreten ist (vgl. Henkel 2004, S.102).

3.2 Handwerk, Gewerbe und Industrie

Zunächst ist es sinnvoll, die Begriffe *Handwerk*, *Gewerbe* und *Industrie* zu erläutern und voneinander abzugrenzen. Mit *Gewerbe* ist die gesamte nicht naturgebundene Güterproduktion, enger gefasst die Güterproduktion für den Markt oder nach Auftrag bei Mitarbeit des Betriebsleiters und unter begrenzter Anwendung arbeitsteiliger und mechanischer Verfahren gemeint (HdR 1995). Unter *Handwerk* versteht man eine selbständige gewerbliche Arbeit zur Erzeugung von Gütern zumeist in Einzelfertigung für lokale und regionale Kunden, bei der der Einsatz von Werkzeugen und Maschinen die Handarbeit ergänzt. Charakteristisch für diesen Wirtschafssektor ist zum einen eine persönliche Führung der vorwiegend Klein- und Mittelbetriebe, zum anderen personale Beziehungen zwischen Auftraggeber und dem Ausführenden (u. a. LENGER 1988, S. 10, BECKERMANN 1980, S.15). *Industrie* gilt als der Teil des produzierenden Gewerbes, der Güter in Massenproduktion (z.B. Stahl) oder Serienfertigungen (z.B. Kraftfahrzeuge) für den Markt ausführt. Hierzu zählt auch die Einzelfertigung von Großgütern (z.B. Schiffen) nach Auftrag einer Betriebsform, die nach Leistungs- und Ausführungsfunktionen organisiert ist. Die Produktion wird in einzelne Arbeitsschritte, die miteinander kombiniert werden können, zerlegt und hauptsächlich durch mechanische Verfahren ausgeführt (HdR 1995).

3.2.1 Die Entwicklung des Dorfhandwerks

Das Dorfhandwerk unterlag von der frühen Neuzeit bis um 1800 dem Städtezwang sowie dem städtischen Zunftwesen, das ein Monopol des Handwerks bildete, seine Organisation und die Preise der Produkte kontrollierte sowie die Ausbildung junger Menschen regelte. Nichtsdestotrotz gab es eine Zulassung für klassische Dorfhandwerke wie Schmied, Müller, Schneider, Leineweber, Schuster, Radmacher und Zimmermann, um die täglichen Bedürfnisse des Dorfes zu befriedigen (vgl. SKALWEIT 1955, S.1). Weitere Motive, die zur Abwanderung in der ländlichen Raum vor der offiziellen Aufhebung des Städtezwangs führten, waren einerseits die Steuerfreiheit und andererseits die eigene Betriebsgründung. Zudem war durch kleine Landwirtschaft die eigene Existenz zusätzlich gesichert, was außerordentlich wichtig war, da die ländlichen Handwerker einer dauerhaften Armut unterlagen. Im Vergleich des Stadthandwerks zum Landhandwerk stellt man fest, dass das letztere deutlich unspezialisierter war. Die Anzahl der Handwerksmeister beider Wirtschaftssektoren war ausgeglichen mit dem Unterschied, dass auf dem Lande selten Hilfskräfte eingestellt wurden. Es gab auch keine Konkurrenz zwischen beiden, da ihre Tätigkeit sich auf die eigene Lokalität beschränkte.

In der ersten Hälfte des 19. Jahrhunderts erfolgte eine Liberalisierung des ländlichen Handwerks durch Gewerbefreiheit und der damit verbundenen Aufhebung des Städtezwangs sowie durch Reformen der Agrar- und Dorfverfassung. Die Bauernbefreiung führte dazu, dass der Bauer sich auf die Erzeugung von Nahrung konzentrierte und somit durch die stärkere Arbeitsteilung die Nachfrage nach handwerklicher Arbeit anstieg. Auch die Einkommenssteigerung der Landbewohner führte zur steigenden Nachfrage nach handwerklicher Produktion. Zudem teilte die veränderte Dorfverfassung den Handwerkern gleiche Rechte zu. Die Folge war eine Zunahme von Handwerksgründungen sowie neuen Handwerkszweigen wie die Bauhandwerker, zu denen die Maurer, Zimmerleute und Tischler zählten, die Schlosser sowie die Bäcker. Zu betonen sei, dass trotz einer verbesserten wirtschaftlichen Lage der Handwerker sie am Rande des Existenzminimums lebten.

Die Industrialisierung, Massenanfertigung durch Technik, Mechanisierung und innovative Energienutzung stellte mit einigen regional unterschiedlichen Verzögerungen eine Bedrohung für das Handwerk dar. Vom Rückgang gefährdete ländliche Handwerkszweige waren der Leineweber aufgrund der industriellen Textilproduktion, der Schmied, Wagner, Stellmacher und Sattler aufgrund der mechanisierten Landwirtschaft sowie der Müller und Böttcher. Der Schuster und Schneider, die sich auf Reparaturen und Änderungen spezialisierten, aber auch der Schlosser und Klempner, die sich mit der Installierung, Wartung und Reparatur von Industrieprodukten beschäftigten, gehörten zu den stagnierenden Zweigen. Es gab ebenfalls expandierende handwirtschaftliche Bereiche wie das Baugewerbe, wozu der Maurer, Zimmerer, Tischler und Elektriker zählte, sowie der Bäcker und Metzger. Als neuer städtischer Zweig kam der Friseur, Uhrmacher und Installateur hinzu sowie der sich aus dem Schmiedehandwerk spezialisierte Landmaschinentechniker (HENKEL 2004, S.202ff).

Das dörfliche Handwerk hat sich insgesamt bis um 1850 positiv entwickelt. Durch Verkehrserschließung des ländlichen Raumes, stärkere Technisierung der Landwirtschaft, wegfallende bäuerliche Selbstversorgung und veränderte Verbrauchsgewohnheiten haben teilweise zu einem Ausbau des ländlichen Handwerks in der Weimarer und nationalsozialistischer Zeit geführt. Dies betraf besonders die Reparatur, Installations- und Handelstätigkeiten, wohingegen Neuproduktionen stagnierten. Es konnten auch aufgrund der Elektrifizierung mehr Maschinen in Landhandwerk eingesetzt werden.

Nach der sog. Niedergangstheorie, der bis ins frühe 20. Jahrhundert unter Wirtschaftwissenschaftlern vorherrschenden Lehrmeinung war das Handwerk zum Aussterben verurteilt (HENKEL 2004, S. 199) und sollte von der Güterproduktion in Fabriken abgelöst werden. Lediglich wurde dem Landhandwerk eine vorübergehende Existenzhoffung zugestanden.

Seit dem zweiten Weltkrieg unterlag das Dorfhandwerk einem starken Strukturwandel. Dieser spiegelte sich einerseits im Rückgang bzw. Verschwinden der traditionell dominanten ländlichen Handwerke wie Schmied, Schuhmacher, Schreiner, Schneider aber auch der unterrepräsentierten Zweige wie Korbflechter, Besenbinder, Sattler, Hausschlachter teilweise auch Bäcker und Metzger und das Bauhandwerk von geschätzten 60 bis 80% wider (vgl. HENKEL 2004, S.204). An dieser Stelle sei ein Beispiel angeführt. Im Ort *Fürstenberg* (1939: 1325 E., 2003: 2644 E.) in Westfalen waren 1939 sieben Schuhmacher, sieben Schneider und vier Schmiede beschäftigt, von denen heutzutage alle aufgegeben haben (vgl. HENKEL 2004, S.204). Ein Trend des Auslaufens der Betriebe mit älteren Meistern und des Abwanderns der jüngeren in die Städte, um dort in Fabriken die Führung zu übernehmen bzw. in den Dienstleistungsbereich zu wechseln, ist zu beobachten.

Andererseits erfolgte durch Technisierung und Modernisierung eine Zuname der *industriellen Folgehandwerke* wie das Elektrohandwerk, die Radio- und Fernsehtechnik, die Sanitär- und Heizungstechnik, der Kraftfahrzeugmechaniker, die häufig aus den traditionellen Handwerken entstanden sind (BECKERMANN 1980). So sind beispielsweise aus alten Schmieden Kfz-Werkstätten mit Tankstellen hervorgegangen.

In den letzten Jahrzehnten ist das ländliche Handwerk insgesamt von einer negativen Entwicklung gekennzeichnet, wobei besonders Kleingemeinden bis 5000 Einwohnern betroffen sind. Die Ursachen hierfür sind Landflucht, Urbanisierung der Bevölkerung, die Konzentration auf moderne technikorientierte Handwerkszweige sowie Standort- und Wachstumsvorteile des städtischen Handwerks, die sich in der Nähe zur Großindustrie, Größe des Marktes und der Qualität der Infrastruktur äußern.

Bei der wirtschaftlichen Entwicklung ist zudem seit den 50er Jahren der ökonomische Impuls durch Industrieansiedlungen, die oft mit staatlicher Förderung verbunden sind, zu berücksichtigen. Ursprünglich waren diese Förderprogramme in preisgünstigen Flächen und einem Überschuss an Arbeitskräften, zu denen meist die aus der Land- und Forstwirtschaft Ausgeschiedenen und Ostvertriebenen gehörten, begründet. Später wurde das Problem der Abwanderung sowie des wirtschaftlichen und sozialen Gefälles von Stadt und Land erkannt. Um dieser Benachteiligung entgegenzuwirken, wurden 1955 bis 1969 ungefähr 2 800 Industriebetriebe mit 228 000 Arbeitsplätzen in den Fördergebieten des Bundes angesiedelt (vgl. HENKEL 2004, S.206). Seit 1970 wurden zumeist in zentralen Orten neue industriell-gewerbliche Betriebe abseits der Ballungsräume subventioniert, um gleichwertigen Lebensbedingungen in der BRD gerecht zu werden.

4 Der ländliche Raum in der heutigen Zeit

Primär liegen die Ursachen für den strukturellen Wandel des ländlichen Raumes in der steigenden Mechanisierung, Technisierung und Produktivitätssteigerung. Nur wenige Vollerwerbsbetriebe besitzen die finanziellen Mittel zur Erhaltung ihrer Existenz. Die Zahl der landwirtschaftlichen Betriebe sank in NRW zwischen 1950 und 1998 von rund 270 000 auf 65 000 (DICKMANN 2000) bzw. nach Angaben des westfälisch-lippischen Landschaftsverbands auf 55 000 Betriebe im Jahre 2003 (TAZ Bericht von 1.3.2003). Diese Veränderung spiegelt sich auch in der Form und Bevölkerungsstruktur wider. Es gab Aussiedelungen von Höfen auf außerhalb des Dorfes liegende Flächen aufgrund von Flurbereinigungs- und Dorfsanierungsmaßnahmen. Dadurch mussten landwirtschaftliche, verfallende Gebäude oftmals abgerissen bzw. umgebaut werden, um sie anderweitig nutzbar zu machen. Doch auch andere Faktoren trugen zur Auflösung des historischen Dorfes bei. Zum Teil war es mit einer starken Veränderung der Siedlungsformen verbunden, wenn sie in unmittelbarer Nähe von wachsenden Städten lagen sowie gegebenenfalls zu einer Entwicklung von Vororten, die städtische Lebensformen und Infrastruktur zuungunsten einer endogenen Entwicklung übernahmen. Bei entfernter liegenden Dörfern konnte das preisgünstige Bauland viele "Stadtmenschen" dazu veranlassen, in den ländlichen Raum zu ziehen, um dessen Vorzüge genießen zu dürfen, womit jedoch der Nachteil der großen Pendelentfernungen zwischen Wohnung und Arbeitsplatz von bis über 100 km verbunden ist.

Die seit 1920 erkannten Fähigkeiten des Landhandwerks, sich durch Spezialisierung, moderne Technik und individuelle Maßarbeit zu behaupten und sich durch Finden von "Wirtschaftslücken" anzupassen, gewähren ihm einen Platz in der Industriegesellschaft. Seine Emanzipation als eigenständiger Berufsstand fand durch die Auflösung der Verbindung mit der landwirtschaftlichen Arbeit statt. Heutzutage haben sich flächendeckend der Schreiner, Bauhandwerker, Elektroinstallateur, Heizungsbauer, Landmaschinen- und Kraftfahrzeugwerker etabliert (HENKEL 2004, S.207).

Die gewerbliche Wirtschaft auf dem Lande nimmt in der heutigen Zeit eine führende Position ein. Nur dort stiegen die Arbeitsplätze im Gewerbe von 1960 bis 1984 sowohl absolut als auch relativ (vgl. HENKEL 2004, S. 207). Prognostiziert wird ein zunehmender Trend zum Kauf von spezialisierten Produkten, Kleinserien und Einzelstücken, was zu einer Förderung ländlicher Standorte führen könnte (DERENBACH und GATZWEILER 1987). Auch können vermehrte Gründungen ländliche Handwerks- und Gewerbevereine aufgrund einer Besinnung auf lokale Werte sowie mangelnde Subvention durch die eigene Gemeinde beobachtet werden. Von größter Bedeutung für eine stabile Entwicklung des ländlichen Gewerbes ist allerdings eine dezentrale und qualifizierte Aus- und Weiterbildung sowie wirtschaftspolitische Arbeit der Ländlichen Kommunen .

Resümee

Die Industrialisierung, die im 19.Jahrhundert zu einem Städtewachstum im Gebiet des heutigen NRW führte, ergriff den ländlichen Raum und seine Siedlungen erst seit dem Ende des Zweiten Weltkrieges, wodurch sich auch entlegene Regionen an die gesellschaftliche Veränderungen anpassen mussten. Diese Anpassung resultierte in einer Umstrukturierung der sozialen und wirtschaftlichen Strukturen auf dem Lande. Das Idealbild des Dorfes als eine geschlossene Lebens- und Arbeitsgemeinschaft, wie es in Schulbüchern vorzufinden ist, ist heute nicht mehr zutreffend. Die Landwirtschaft und das Kleingewerbe sind nicht mehr dominierende Wirtschaftssektoren. Auch traditionelle Handwerksberufe wie Schmied, Schuhmacher sind noch selten vorzufinden. Die meisten Arbeitsplätze sind außerhalb der Landwirtschaft, vor allem außerhalb des Dorfes vorzufinden.

Dennoch hat sich seit 1920 das Landhandwerks durch Spezialisierung, moderne Technik und individuelle Maßarbeit behaupten können, indem es geeignete "Wirtschaftslücken" fand. Der Schreiner, Bauhandwerker, Elektroinstallateur, Heizungsbauer, Landmaschinen- und Kraftfahrzeugwerker konnten sich somit etablieren. Die führende Position nimmt allerdings das ländliche Gewerbe heutzutage ein mit einem Trend zum Kauf von Einzelstücken, spezialisierten Produkten und Kleinserien.

Nicht zuletzt sollte die Attraktivität des ländlichen Raumes als Wohnort genannt werden. Heutzutage verspüren viele Menschen den Wusch Stadt- und Landleben miteinander zu verbinden. Das Eigenheim im Grünen mit guter Anbindung zur Stadt ist das gegenwärtige Wohnideal. Es werden eher lange Anfahrtszeiten zur Arbeit in Kauf genommen, als dass auf die Wohnfunktion des ländlichen Raumes verzichtet wird.

Literaturverzeichnis

BECKERMANN, T.: Das Handwerk in der BRD. Berlin 1980.

Handwörterbuch der Raumordnung. Hg. Akademie für Raumforschung und Landesplanung. Hannover 1995.

HENKEL, G.: Der Ländliche Raum. Gegenwart und Wandlungsprozesse seit dem 19. Jahrhundert in Deutschland Berlin, Stuttgart 2004.

KAPPE, D., KNAPPSTEIN, T. und M. SCHULTE-ALTEDORNEBURG: Grundformen der Gemeinde- Großstadt und Dorf. Opladen 1975.

LENGER, F.: Sozialgeschichte der deutschen Handwerker seit 1800. Neue Historische Bibliothek, Bd. 532. Frankfurt 1988.

LIENAU, C.: Die Siedlungen des ländlichen Raumes. Westermann. 2. Aufl. Braunschweig 1995.

MAIER, J.: Perspektiven für den ländlichen Raum: Modernisierungs- versus endogene Entwicklungsstrategien. In: Perspektiven für den ländlichen Raum. Hg. Institut für Regionalentwicklung und Strukturplanung. Berlin 1995.

PLANCK, U. und J. ZICHE: Land- und Agrarsoziologie. Eine Einführung in die Soziologie des ländlichen Siedlungsraumes und des Agrarbereichs. Stuttgart 1979.

SKALWEIT, A.: Der Wirtschaftsbereich des Dorfhandwerks in Westdeutschland. Studie des Frankfurter Institutes für Handwerkswirtschaft. Frankfurt a. M. 1955.

Taz NRW Nr.7603 vom 1.3.2005, S. 2, 29 Zeilen (Taz Bericht) JAS

http://www.nrw.de/01_land_nrw/11_land_und_leute/113_nrw_lexikon/lexdorf.htm

DICKMANN, F.: Auszug aus dem NRW-Lexikon. Politik. Gesellschaft. Wirtschaft. Recht. Kultur. Stand: 2000